QUESTIONS 6/9 ans RÉPONSES

Les inventions

Nathan

Édition originale parue sous le titre :
I Wonder Why Zips Have Teeth
Première édition : Kingfisher 1996

Auteur : Barbara Taylor

Édition française :

Consultant : Eryl Davies
Traduction : Ariane Bataille
N° éditeur : 10118364
ISBN : 2-09-250585-8

Composition : PFC-Préface-Dole
Dépôt légal : Février 2005

Conforme à la loi n° 49-956 du 16 juillet 1949
sur les publications destinées à la jeunesse.

Imprimé à Taïwan

Direction artistique : Christina Fraser
Illustrations : h = haut ; g = gauche
Susanna Addario 28-29 ; Peter Dennis (Linda Rogers)
10-11, 18-19 ; Chris Forsey 22hg, 26hg, 30-31 ;
Terry Gabbey (AFA Ltd) 20-21 ;
Ruby Green 14-15, 26-27 ;
Nick Harris (Virgil Pomfret) 24-25 ;
Biz Hull (Artists Partners) couverture, 4-5, 16-17, 22-23 ;
Tony Kenyon (BL Kearley) pour tous les dessins
humoristiques ; Nicki Palin 6-7, 8-9, 12-13.

SOMMAIRE

À quoi servent les inventions ?

Des inventeurs réfléchissent aux problèmes des gens et cherchent à apporter une solution correspondant à leurs besoins. Grâce à l'invention du parapluie pliant, par exemple, on peut ranger son parapluie dans un sac.

• Dès que tu te réveilles, te voilà entouré d'inventions qui rendent la vie plus facile et plus confortable : les oreillers, les ampoules électriques, même les cornflakes…

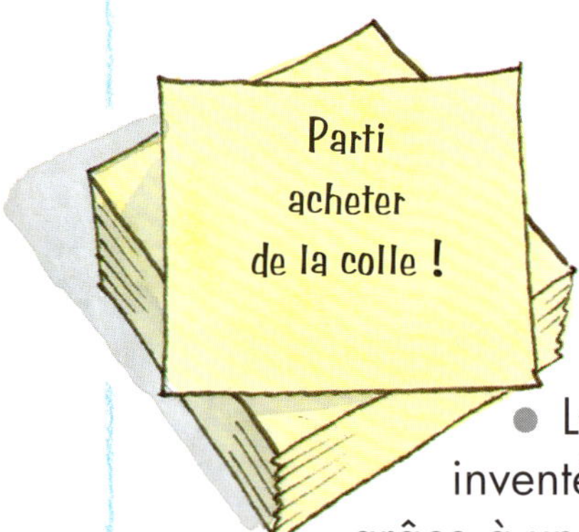

• Les Post-it ont été inventés par hasard grâce à une colle ratée qui permettait de coller un morceau de papier, de le décoller et de le recoller à nouveau !

• Certaines inventions ne servent qu'à s'amuser. C'est en voyant deux de ses clients s'envoyer des moules à tarte, vides, dans son jardin qu'un pâtissier du nom de Joseph Frisbie inventa un nouveau jeu (le Frisbee).

On utilise les épingles de sûreté depuis 200 ans, mais leur inventeur en a copié le principe sur les agrafes que portaient les Égyptiennes de l'Antiquité.

Invention ou découverte ?

Une chose nouvelle, n'ayant jamais existé avant que quelqu'un l'imagine, est une invention, comme les trombones. Le charbon ou le caoutchouc existaient déjà sur terre avant qu'on les utilise : ce sont des découvertes.

Les premiers à avoir découvert le latex en ont fait du caoutchouc. Plus tard, d'autres hommes ont inventé les pneus en caoutchouc.

D'où viennent toutes ces idées ?

Certains inventeurs trouvent leurs idées en observant la façon dont les plantes et les animaux parviennent à résoudre certains problèmes d'adaptation. D'autres les cherchent dans le passé, ou dans d'autres pays. Très peu d'idées tombent toutes seules du ciel.

Les graines de bardane sont couvertes de petits crochets qui s'agrippent aux vêtements et s'en retirent assez aisément. C'est en les observant qu'un ingénieur a inventé le Velcro.

Quel petit bâton remporta un énorme succès ?

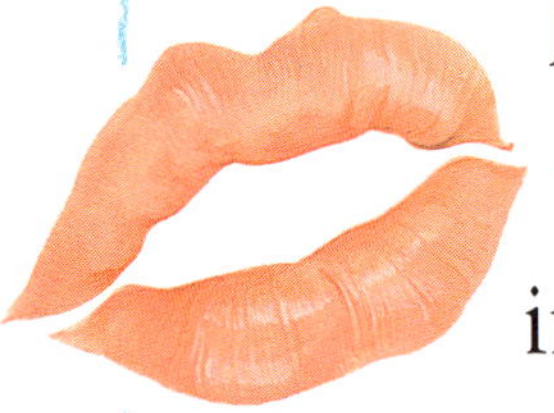

Des savants américains mirent au point en 1915 une petite invention révolutionnaire : le premier tube de rouge à lèvres, un petit bâton coloré qui sortait de son étui et y rentrait en un tour de main.

• Les Égyptiennes de l'Antiquité se peignaient elles aussi les lèvres. Mais elles utilisaient de l'argile dorée mélangée à de la sève d'arbre.

Qui mettait des dents d'hippopotame ?

L'usage des fausses dents remonte à environ 2 500 ans. À l'époque, on les faisait avec de l'os ou de l'ivoire d'hippopotame, de chat, de bœuf, et aussi d'être humain. Mais elles brunissaient et pourrissaient très vite. Leurs possesseurs devaient avoir une haleine bien fraîche !

• Avant, le rouge à lèvres en pot était un mélange de cires et d'onguents colorés par des teintures végétales telles que le jus de raisin.

• Un coiffeur français a utilisé une vidéo reliée à un ordinateur pour faire essayer à ses clientes différents styles de coiffures : avec cheveux longs, cheveux courts, ou pas de cheveux du tout !

Qui a inventé les pansements ?

Un certain Earl Dickson, dont la femme se coupait souvent en faisant la cuisine, eut l'idée de coller des petits carrés de gaze sur du ruban adhésif en les recouvrant bien afin que la colle ne sèche pas. Ainsi, sa femme disposait toujours de pansements tout prêts à mettre sur ses blessures.

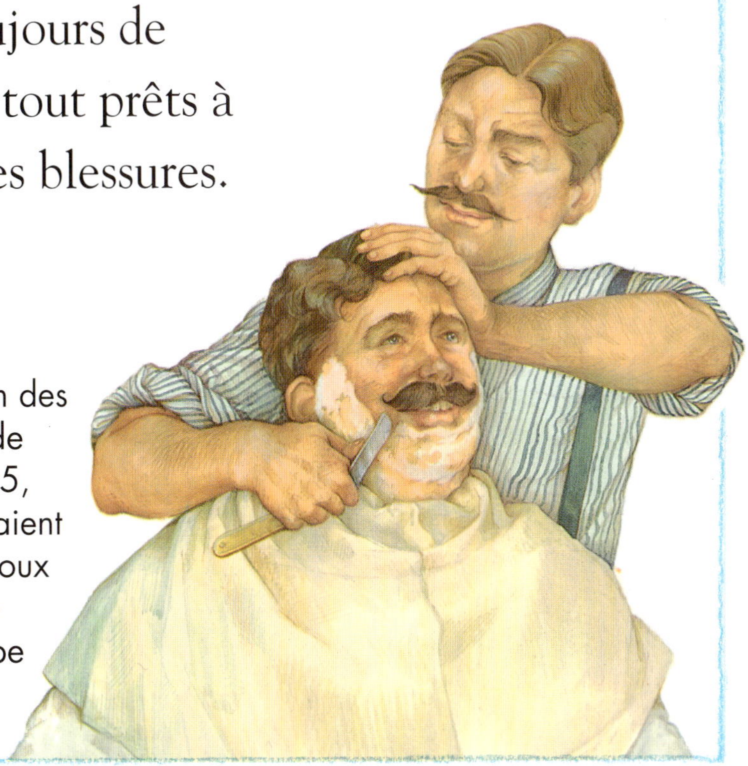

• Avant l'invention des rasoirs modernes de M. Gillette en 1895, les hommes se rasaient avec des coupe-choux en priant pour que leur main ne dérape pas !

Qui a tiré la première chasse d'eau ?

Sir John Harrington construisit la première chasse d'eau pour sa marraine, la reine Élisabeth Ire. À cette époque, l'eau courante étant encore fort rare dans les maisons, les gens utilisaient plutôt des pots de chambre.

- Le seul inconvénient de cette douche était l'obligation de pomper l'eau avec le pied tout en se lavant. Pas étonnant qu'elle n'ait pas eu de succès !

- Il y a une centaine d'années, les toilettes à chasse d'eau étant des produits de luxe, elles étaient souvent somptueusement décorées de fruits, fleurs, animaux...

Qui a inventé les premiers bains ?

Dans l'Antiquité, les habitants de Rome, de la Grèce et de la Vallée de l'Indus, au Pakistan, aimaient beaucoup les bains. Puis la mode passa et les gens se mirent à se parfumer pour dissimuler les mauvaises odeurs !

- Les Chinois ont inventé la brosse à dents en soie de porc vers 1500. Mais heureusement pour les cochons, le nylon les a remplacées !

Comment fonctionnait le premier aspirateur ?

Le premier aspirateur était tiré par des chevaux ! Et on le laissait dans la rue car son moteur à essence sentait trop mauvais. Les longs tuyaux destinés à aspirer la poussière passaient par les fenêtres. C'était un spectacle qui attirait toujours du monde !

Qui inventa l'imperméable ?

• Aujourd'hui, beaucoup de vêtements de pluie sont en PVC, une matière enduite de plastique qui peut se faire de toutes les couleurs.

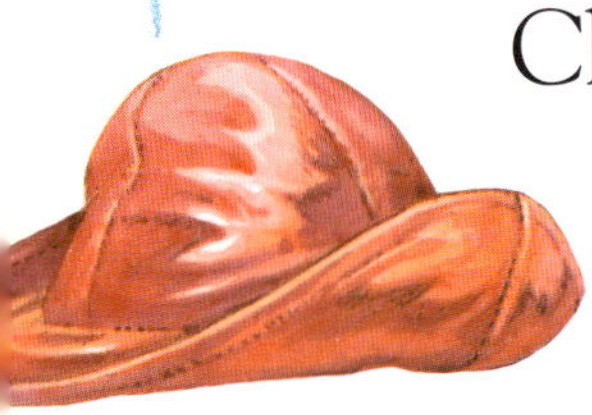

Charles Macintosh fabriqua en 1823 le premier manteau à l'épreuve de la pluie. Il rendit le tissu imperméable en glissant une couche de caoutchouc en sandwich entre deux épaisseurs de coton. Ces manteaux protégeaient de la pluie, mais une fois mouillés, ils pesaient une tonne et sentaient horriblement mauvais !

• En Écosse, il pleut tellement que les bergers achètent des imperméables à leurs moutons !

Pourquoi la fermeture Éclair a-t-elle des dents ?

La glissière sépare ou réunit les dents de la fermeture Éclair pour l'ouvrir ou la fermer. Inventée vers 1890, cette fermeture représenta une révolution par rapport aux boutons, œillets et crochets.

• Levi Strauss fabriqua ses premiers jeans pour les ouvriers des mines d'or américaines. Il les coupa dans un tissu bleu très résistant destiné à faire des tentes, le fameux denim.

Quel tissu a concurrencé la soie ?

William Carothers a mis au point un nouveau tissu en 1937 : le nylon, plus résistant et moins cher que la soie. Les bas en nylon ont connu un grand succès auprès des femmes

• Lorsque Thomas Hancock inventa l'élastique en 1820, il pensa l'utiliser pour fermer les poches. Mais quelqu'un d'autre comprit que ce serait très pratique pour faire tenir les sous-vêtements !

Quel est l'ancêtre du réfrigérateur ?

Avant l'invention du réfrigérateur électrique vers 1920, les gens conservaient leurs aliments dans une glacière, placard en bois à l'intérieur duquel on mettait de gros blocs de glace.

- Inventé en 1885 par John Pemberton, un pharmacien, le Coca-Cola était à l'origine un sirop auquel on a rajouté de l'eau gazeuse bien plus tard.

Qui a inventé les cornflakes ?

Deux frères, Will et John Kellogg, ont inventé les cornflakes par hasard en essayant de fabriquer un nouveau pain. Après avoir étalé une pâte de farine de blé trop cuite et l'avoir vue sécher en pétales, ils ont eu l'idée de faire griller ces derniers et de les goûter : c'était délicieux !

• Le glacier venait livrer ses pains de glace plusieurs fois par semaine.

• Il y a très longtemps, les gens se fabriquaient des réfrigérateurs naturels en entassant de la neige dans des grottes et des trous qui restaient ainsi frais jusqu'en été.

• Les chips virent le jour en 1853 lorsque le client d'un restaurant demanda des pommes de terre sautées extra-fines.

Depuis quand boit-on avec une paille ?

En 1880, un certain Marvin Stone confectionna la première paille en papier après avoir remarqué qu'une boisson reste plus longtemps fraîche si on ne la touche pas et si on l'aspire à l'aide d'une herbe creuse.

D'où viennent les nounours ?

C'est au début du siècle qu'une fabricante de jouets allemande, Margarete Steiff, eut l'idée de créer le premier ours en peluche en voyant des croquis que son neveu avait faits au zoo de Stuttgart. Présenté à la foire de Leipzig, il remporta un succès fantastique et devint rapidement le jouet préféré de tous les enfants d'Europe et des États-Unis.

• Le Meccano et le Lego ont été inventés pour encourager les enfants à construire des choses au lieu de les détruire ! Et on peut en inventer des choses avec ces jeux !

• Les jeux de cartes ont été inventés en Asie il y a plus de mille ans.

Quel jouet a au moins 6 000 ans ?

Les poupées sont sans doute les plus vieux jouets du monde. Les Romains jouaient avec des poupées de chiffon. Il en existe en bois, en cire, en papier, en porcelaine et en plastique.

- Apparue en 1959, Barbie fut la première poupée à posséder un corps de grande personne.

Depuis quand a-t-on des jeux vidéo chez soi ?

Les premiers jeux vidéo personnels sont apparus en 1974. Mais ils étaient beaucoup moins passionnants que ceux d'aujourd'hui. Au lieu de livrer des batailles intergalactiques, on se contentait de taper sur un ballon.

Par quoi peux-tu remplacer un grille-pain ?

On mangeait déjà des tartines grillées avant l'invention du grille-pain électrique. On piquait le pain au bout d'une longue fourchette pour le présenter devant une flamme. Mais comme il brûlait vite, il fallait le surveiller attentivement. Le premier grille-pain fut inventé aux États-Unis il y a environ 70 ans.

- Grâce au grille-pain électrique, il est inutile de surveiller le pain pour l'empêcher de brûler !

- En 1937 fut inventée une théière électrique qui non seulement chauffait l'eau et faisait le thé, mais servait aussi de réveille-matin. On l'avait baptisée « Cheerywake » (« Joyeux réveil »).

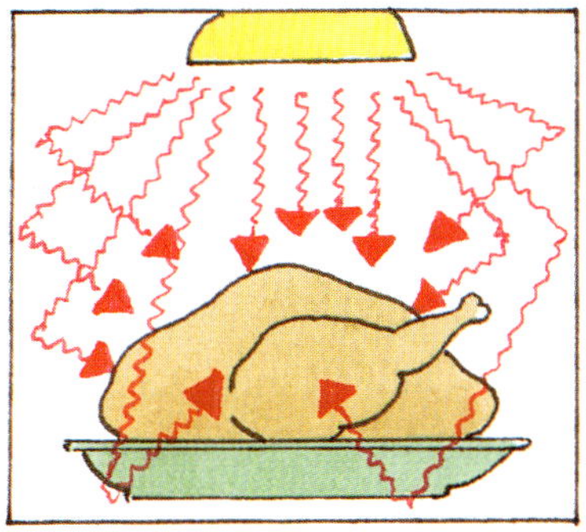

Les micro-ondes sont une source d'énergie invisible. Lorsqu'elles rayonnent sur un aliment, l'eau de cet aliment, violemment secouée, devient très chaude. La chaleur se communique alors à tout l'aliment et le cuit.

Qui inventa le four à micro-ondes ?

En travaillant sur des ondes capables de détecter des avions, juste après la Deuxième Guerre mondiale, Percy Spencer s'aperçut que le chocolat qu'il avait dans sa poche avait fondu. Il en déduisit que cette invention serait également très utile pour la cuisine !

Il y a une centaine d'années, seuls les gens riches avaient l'électricité. Les premiers appareils étaient si dangereux que les domestiques en avaient souvent peur.

Qu'est-ce qui empêche les œufs de coller à la poêle ?

Les poêles antiadhésives n'attachent pas car elles sont recouvertes d'une matière très glissante, le Téflon. Cette sorte de plastique fut inventée à la fin des années 30, mais il a fallu attendre longtemps avant que quelqu'un pense à en enduire les poêles à frire !

Qui inventa le basket-ball ?

C'est en cherchant un jeu amusant et facile à pratiquer en intérieur que l'Américain James Naismith inventa le basket-ball. Au début, les joueurs utilisaient de vieux paniers à pêches en guise de buts.

Qu'est-ce qui fait rebondir les sportifs ?

Les semelles des chaussures de sport sont constituées de caoutchouc et de petites poches d'air. Ainsi, à chaque pas, le caoutchouc s'écrase avant de retrouver très vite sa forme initiale. Grâce à cela, le pied rebondit sur le sol et permet aux sportifs de courir un peu plus vite.

● Les premiers joueurs de basket devaient monter sur une échelle pour récupérer leur ballon après un but. Aujourd'hui, les filets sont troués – ce qui est plus pratique !

● Le patin à roulettes faisait fureur à la fin du XIXe siècle. Même les ballerines de l'Opéra de Paris dansaient avec des patins !

Pourquoi les patins ont-ils des roulettes ?

Très tôt les gens ont aimé glisser, en hiver, sur la glace des lacs et des canaux. Mais, en été, ils devaient se passer de ce plaisir puisqu'il n'y avait pas encore de patinoire artificielle. Or un jour, quelqu'un eut l'idée de remplacer la lame par des roulettes : et hop ! le patin à roulettes était né !

● Les premiers scooters des mers (ou jet-skis) ont été vendus au Japon en 1979. Ce sont des engins qui vont très vite. Les modèles les plus récents peuvent aller jusqu'à 120 km/h.

Comment roula la première automobile ?

Les premières automobiles étaient de simples machines à vapeur sur roues qui faisaient autant de bruit que de fumée ! Elles furent remplacées trente ans plus tard par les voitures à moteur à essence.

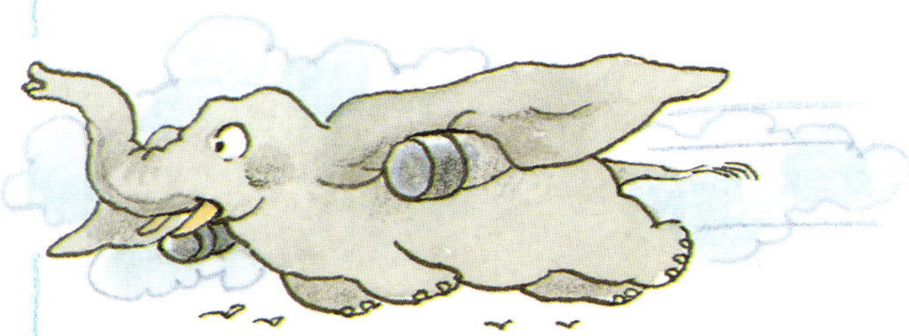

● Dans les années 30, les avions ne pouvaient pas transporter plus de vingt passagers. Bientôt, les nouveaux super jumbo-jets en embarqueront 850 !

Peut-on voler en bateau ?

Tous les gens qui prennent un hydroglisseur volent au-dessus de l'eau. Inventé en 1959 par Christopher Cockerell, ce bateau avance sur un coussin d'air qui le soulève au-dessus des vagues et lui permet ainsi d'aller beaucoup plus vite.

● Inventé vers 1860, le vélocipède était l'ancêtre de la bicyclette moderne. Il avait une très grande roue à l'avant, une toute petite à l'arrière, et les pédales se trouvaient sur l'essieu de la roue avant.

● Tu sais qu'en voiture, il faut attacher sa ceinture. Mais savais-tu qu'il en existe aussi pour chats et pour chiens ?

Quel est le vélo du futur ?

● Les premières autos ne devaient pas rouler à plus de 3 km/h et étaient précédées d'un porte-drapeau qui leur ouvrait la route.

Les vélos super-rapides sont munis de roues pleines et de cadres plats qui jouent le rôle d'une voile. Ils captent le vent qui concourt ainsi à propulser le vélo vers l'avant, exactement comme les voiles d'un bateau. Mais le cycliste doit tout de même fournir un gros effort pour pédaler !

Peux-tu ranger 7 000 livres dans ta poche ?

Un DVD-Rom peut garder en mémoire environ 7 000 livres tout en étant assez petit pour se glisser dans une poche. Mais les mots, les images et les sons qu'il contient ne peuvent être déchiffrés que par un ordinateur. Pas question d'en lire un dans le bus !

• Les Égyptiens furent parmi les premiers à fabriquer de l'encre, en mélangeant de la suie à de la sève d'arbre.

• La machine à écrire, comme les dinosaures, est condamnée à disparaître. Inventée en 1873, elle est aujourd'hui remplacée par l'ordinateur.

• Les premiers stylos-feutres sont apparus au Japon en 1962. Leur inventeur espérait que leur pointe douce embellirait l'écriture, un peu à la façon du pinceau à calligraphier.

● Aujourd'hui, les calculettes électroniques fonctionnent à une vitesse extraordinaire. Elles sont aussi puissantes que les énormes ordinateurs des années 60.

De quelle taille était le premier ordinateur ?

Colossus, le premier ordinateur, était aussi long que quatre autocars mis bout à bout. Construit en Grande-Bretagne, il fonctionna dès 1943. Mais très peu de gens étaient au courant car il servait à décrypter des codes secrets pendant la guerre.

Qui inventa le Bic ?

Le baron Bich créa en 1947 le célèbre Bic cristal. Mais le premier stylo à bille – tube de plastique rempli d'une encre à séchage rapide qui s'étale régulièrement grâce à sa pointe à bille – fut créé en 1938 par Ladislao Biro. En Angleterre, on ne dit pas un bic, mais un biro !

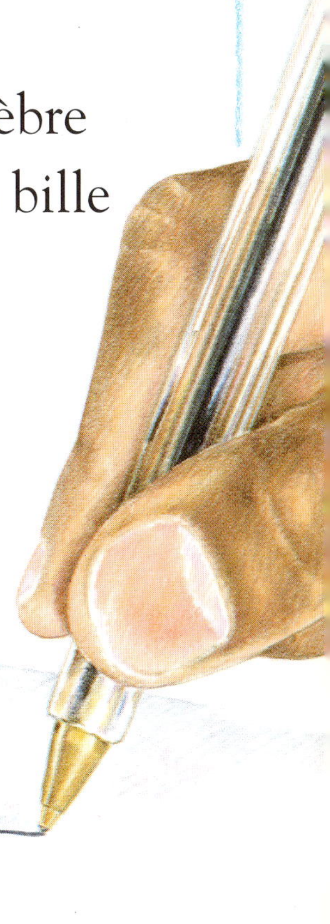

Qui inventa le tiroir-caisse ?

Des querelles éclataient toujours dans le saloon de James Ritty au moment de payer. Aussi Ritty inventa-t-il, pour sa tranquillité et celle de ses serveurs, une caisse qui enregistrait le prix à payer pour chaque boisson consommée ainsi que la somme d'argent contenue dans cette caisse.

- Depuis 1980, tous les articles vendus dans les magasins doivent porter un code-barres contenant toutes sortes d'informations sur la marchandise.

Qui payait avec du thé ?

Autrefois, les Tibétains et les Chinois utilisaient des briques de thé en guise de monnaie. Avant l'invention des pièces, il était courant de troquer des marchandises contre des coquillages, des perles ou des grains.

- Il y a environ 1 200 ans, les Chinois utilisaient déjà des billets de banque qu'ils imprimaient parfois sur de l'écorce de mûrier.

Qui a fait fortune grâce à un Caddie ?

Le premier Caddie de supermarché a rendu Sylvan Goldman milliardaire. Il ressemblait alors plutôt à une chaise à roulettes au dossier flanqué de deux paniers ; mais il a fait la fortune de son heureux inventeur.

- Une petite invention peut se révéler géniale. Depuis que Margaret Knight a inventé le sac en papier à fond plat, on met deux fois plus de choses dedans. Quant à elle, elle a fait fortune !

Le tournevis a-t-il été inventé avec la vis ?

Au XVIe siècle, des clous en spirale servaient déjà à fixer les armes, les armures et les pendules. Mais, bizarrement, il fallut attendre l'invention du tournevis, 300 ans plus tard, avant de pouvoir les retirer.

• Avant 1760, les vis étaient façonnées à la main et non par une machine. Ce devait être une tâche extrêmement délicate à accomplir !

Qui a commencé à tout mettre sous clé ?

Dans l'Antiquité, les Égyptiens ont inventé la serrure : deux verrous de bois bien ajustés tenus en place par des broches. Disposées d'une certaine façon, celles-ci ne pouvaient être libérées qu'à l'aide d'une clef à la forme adaptée.

• Les outils des menuisiers n'ont pas beaucoup changé au fil des siècles.

● Depuis 1973, tu peux faire pousser des plantes n'importe où – même si tu n'as pas de jardin – grâce à des sacs de terre spéciaux.

Qui tirait les tondeuses à gazon ?

Les premières tondeuses étaient tirées par des chevaux aux sabots recouverts de bottes en caoutchouc afin qu'ils ne laissent pas de vilaines marques sur la pelouse !

● Les premiers karts avaient des moteurs de tondeuses à gazon. Il est probable que les grands champions ont tous commencé par conduire une tondeuse !

Qui a pris la première photo ?

En 1826, Nicéphore Niepce, un Français, fit la première photo de tous les temps. Cette prise de vue, réalisée depuis la fenêtre de sa chambre, mit huit heures à se fixer sur une fine plaque de métal recouverte d'une sorte de goudron.

• En quelques secondes grâce au Polaroïd, on reproduit une image. Avec l'apparition du numérique, on peut stocker beaucoup d'images dans la mémoire de l'appareil photo, les transférer sur son ordinateur et les imprimer soi-même !

• Au XIXe siècle, le temps de pose était si long que les modèles avaient besoin d'un cale-tête pour ne pas bouger !

Qui a inventé la télévision ?

Le premier poste de télévision a été fabriqué par John Logie avec un matériel très étrange, dont une lampe de vélo et une aiguille à tricoter ! L'image aussi était étrange : très floue et très rose !

• La plus petite radio du monde a la taille d'un petit pois !

Qui s'emporte partout?

Inventé en 1979 par Sony, le baladeur est un lecteur de cassette si léger qu'on peut se balader partout avec. Encore plus pratique, le lecteur MP3 permet de télécharger des centaines de chansons depuis ton ordinateur.

• Le téléphone est né en 1878 dans une petite ville des États-Unis. Comme il n'y avait que 20 abonnés, les appels étaient vraiment limités.

Peux-tu te battre avec un dinosaure ?

Avec un casque à image virtuelle, tu peux pénétrer dans un monde imaginaire et livrer combat au plus terrible des dinosaures, ou voyager dans l'espace en ayant l'impression que tout est vrai alors que cette fausse réalité est créée par un ordinateur.

• Lorsque tu presses les boutons des gants qui vont avec le casque à image virtuelle, l'ordinateur modifie le son et les images que tu perçois.

• Tout le monde peut devenir inventeur ! Et toi, qu'aimerais-tu inventer ?

• Des savants font des expériences sur des fruits et des légumes afin de créer des produits à la fois agréables à manger, bons pour la santé et pratiques, comme les tomates carrées.

Qui est allé sur Mars ?

La NASA a envoyé en 2003 deux robots sur Mars pour trouver la preuve de traces d'eau. Cette découverte pourrait alors justifier d'une vie sur la Planète Rouge. En 2004, les robots, *Spirit* et *Opportunity* sillonnent le sol de Mars, explorant et photographiant cratères et vallées.

• Les taxis sont équipés d'un ordinateur de bord leur permettant d'emprunter le meilleur itinéraire et même d'éviter les bouchons !

Index

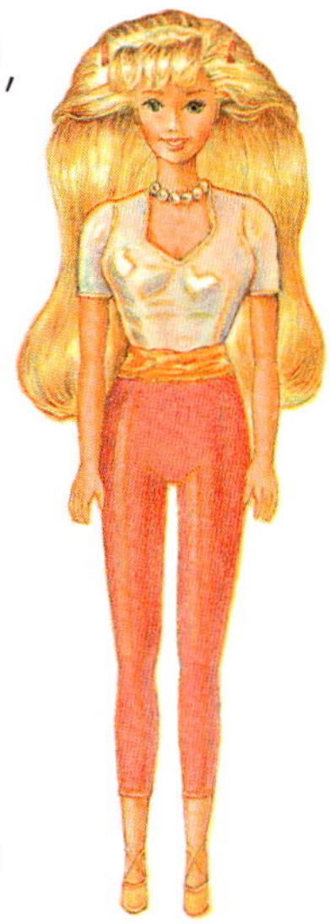

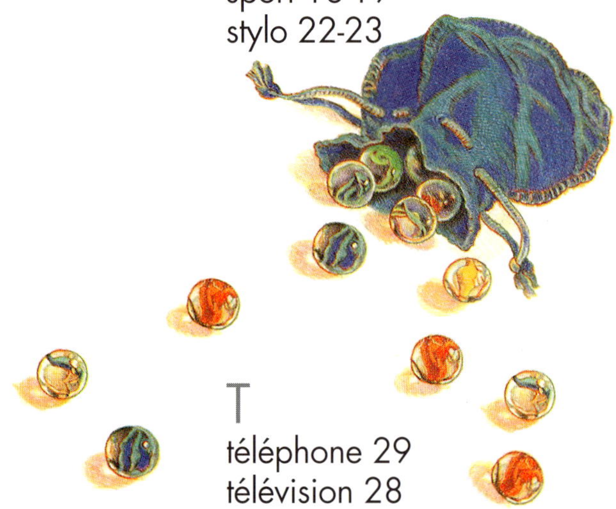